ゴール

35 34 33 32 31

もうすこし！

26 27 28 29 30

25 24 23 22 21 20

15 16 17 18 19

きゅうけいちゅう

はんぶん いじょう！

14 13 12 11 10

その ちょうし！

5 6 7 8 9

4 3 2 1

がんばってね！

スタート

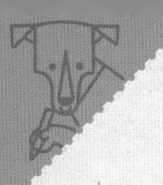

# やりきれるから自信がつく！

## ✓ 1日1枚の勉強で，学習習慣が定着！

◎目標時間に合わせ，無理のない量の問題数で構成されているので，「1日1枚」やりきることができます。

◎解説が丁寧なので，まだ学校で習っていない内容でも勉強を進めることができます。

## ✓ すべての学習の土台となる「基礎力」が身につく！

◎スモールステップで構成され，1冊の中でも繰り返し練習していくので，確実に「基礎力」を身につけることができます。「基礎」が身につくことで，発展的な内容に進むことができるのです。

◎教科書に沿っているので，授業の進度に合わせて使うこともできます。

## ✓ 勉強管理アプリの活用で，楽しく勉強できる！

◎設定した勉強時間にアラームが鳴るので，学習習慣がしっかりと身につきます。

◎時間や点数などを登録していくと，成績がグラフ化されたり，賞状をもらえたりするので，達成感を得られます。

◎勉強をがんばると，キャラクターとコミュニケーションを取ることができるので，日々のモチベーションが上がります。

# 学研 毎日のドリルの 使い方

## ① 1日1枚，集中して解きましょう。

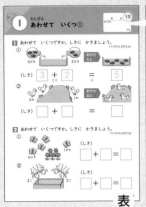

表

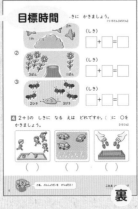

裏

◎1回分は，1枚（表と裏）です。
1枚ずつはがして使うこともできます。

◎目標時間を意識して解きましょう。
アプリのストップウォッチなどで，かかった時間を計るとよいでしょう。

・巻末の「まとめテスト」で，この本の内容が身についたかを確認できます。

## ② おうちの方に，答え合わせをしてもらいましょう。

・本の最後に，「こたえとアドバイス」があります。

・答え合わせをして，点数をつけてもらいましょう。

できなかった問題を
解き直すと，
より力がつくよ！

## ③ 「できたよシート」に，「できたよシール」をはりましょう。

・勉強した回の番号に，好きなシールをはりましょう。

## ④ アプリに得点を登録しましょう。

・アプリに得点を登録すると，成績がグラフ化されます。
・勉強すると，キャラクターが育ちます。

# 毎日のドリル♪ 勉強管理アプリ

「毎日のドリル」シリーズ専用、スマートフォン・タブレットで使える無料アプリです。
1つのアプリで、シリーズすべてを管理でき、学習習慣が楽しく身につきます。

## 1 「毎日のドリル」の学習を徹底サポート！

毎日の勉強タイムをお知らせする
[タイマー]

かかった時間を計る
[ストップウォッチ]

勉強した日を記録する
[カレンダー]

入力した得点を
[グラフ化]

日と時間を意識しよう！

## 2 キャラクターと楽しく学べる！

好きなキャラクターを選ぶことができ、勉強をがんばるとキャラクターが育ち、[ひみつ]や[ワザ]が増えます。

## 3 1冊終わると、ごほうびがもらえる！

ドリルが1冊終わるごとに、賞状やメダル、称号がもらえます。

これは やる気が でるっちゃ！

## 4 漢字と英単語のゲームにチャレンジ！

ゲームで、どこでも手軽に、楽しく勉強できます。漢字は学年別、英単語はレベル別に構成されており、ドリルで勉強した内容の確認にもなります。

自己ベスト更新を目指そう！

漢字のよみがなを当てよう

単語のいみを当てよう

---

アプリの無料ダウンロードはこちらから！

https://gakken-ep.jp/extra/maidori/

[推奨環境]
■各種Android端末：対応OS Android6.0以上
■各種iOS（iPadOS）端末：対応OS iOS10以上

※対応OSであっても、Intel CPU（x86 Atom）搭載の端末では正しく動作しない場合があります。※対応OSやお使いの機種については、各ストアでご確認ください。

※お客様のネット環境および携帯端末によりアプリをご利用できない場合、当社は責任を負いかねます。ご理解、ご了承いただきますようお願いいたします。

また、事前の予告なく、サービスの提供を中止する場合があります。ご了承ください。

**1** あわせて　いくつですか。しきに　かきましょう。

1つ10てん【20てん】

①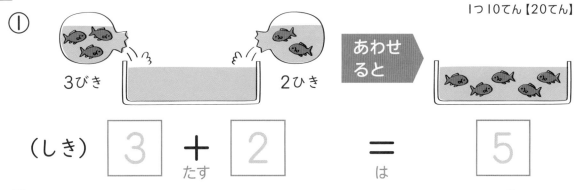

3びき　　　　　2ひき　　　あわせると

（しき）　3　**＋**　2　**＝**　5
　　　　　　　たす　　　　　は

②

2わ　　　　　1わ　　　あわせると

（しき）　□　**＋**　□　**＝**　□

**2** あわせて　いくつですか。しきに　かきましょう。

1つ10てん【20てん】

①

4ひき　　　　1ぴき

（しき）　□　**＋**　□　**＝**　□

②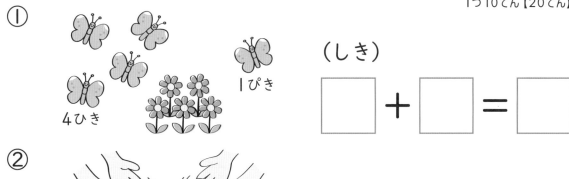

2こ　　　　　　2こ

（しき）　□　**＋**　□　**＝**　□

**3** あわせて いくつですか。しきに かきましょう。

1つ15てん【45てん】

①

（しき）

②

（しき）

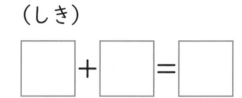

③

（しき）

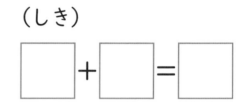

**4** 2＋1の しきに なる えは どれですか。（ ）に ○を かきましょう。

【15てん】

（　）

（　）

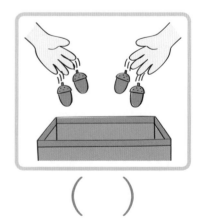

（　）

さあ，ぶんしょうだいを がんばろう！

こたえ ▶ 77ページ

月　　日

とくてん

てん

**1** しきと　こたえを　かきましょう。

しき7てん，こたえ5てん【36てん】

① あわせて　なんこですか。

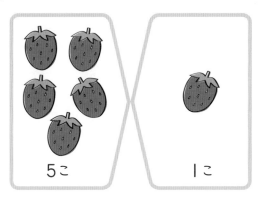

5こ　　　1に

（しき）

$$5 + 1 = 6$$

こたえ　　6こ

② ぜんぶで　なんわですか。

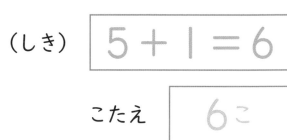

3わ　　　3わ

（しき）　＋　＝

こたえ　　わ

③ みんなで　なんびきですか。

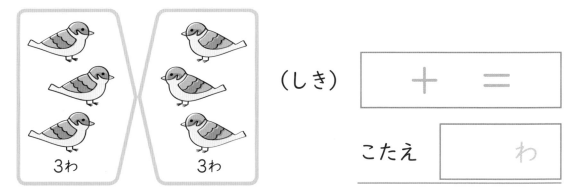

5ひき　　　2ひき

（しき）　＋　＝

こたえ　　ひき

**2** しきと こたえを かきましょう。

① あわせて なんだいですか。

2だい　　　4だい

（しき）

こたえ　　　　だい

② ぜんぶで なんぼんですか。

5ほん　　　3ぼん
●●●●●　　●●●

（しき）

こたえ　　　　ほん

③ みんなで なんまいですか。

しろい
かみが
7まい
●●●●●
●●

あかい
かみが
1まい
●

（しき）

こたえ　　　　まい

④ ぜんぶで なんびきですか。

めだかが
いけに
4ひき
●●●●

めだかが
すいそうに
3びき
●●●

（しき）

こたえ　　　　びき

 こたえも きちんと かけたね。えらい！

こたえ ▶ 77ページ

**1** こどもが 3にん います。

おとなが 4にん います。

あわせて なんにん いますか。

しき5てん, こたえ5てん【10てん】

こども　おとな　あわせた かず

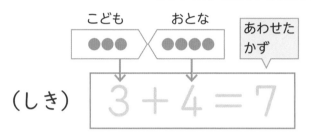

（しき） 3 + 4 = 7　　こたえ 7にん

**2** あかい はなが 4ほん, しろい はなが 4ほん さいて います。

ぜんぶで なんぼん さいて いますか。しき10てん, こたえ5てん【15てん】

あかい はな　しろい はな

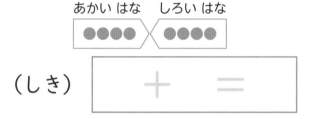

「ほん」も きちんと かきましょう。

（しき）　　＋　　＝　　こたえ

**3** あめが おさらに 4こ, ふくろに 5こ あります。

みんなで なんこ ありますか。

しき10てん, こたえ5てん【15てん】

おさらの あめ　ふくろの あめ

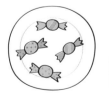

（しき）　　＋　　＝　　こたえ

9

**4** あやかさんは　おりがみを　6まい
もって　います。いもうとは　2まい
もって　います。
　　あわせて　なんまい　ありますか。

つぎのように
かいて　いこう。
❶「6+2」と　かく。
❷ けいさんを　して
「＝8」と　かく。
❸ こたえを　かく。

しき10てん，こたえ10てん【20てん】

（しき）

こたえ _____


**5** かえるが　はの　うえに　5ひき，みずの　なかに　4ひき
います。
　　みんなで　なんびき　いますか。　　しき10てん，こたえ10てん【20てん】

（しき）

こたえ _____


**6** けんたさんは　いちごを　あさ　4こ，
よる　6こ　たべました。
　　あわせて　なんこ　たべましたか。

しき10てん，こたえ10てん【20てん】

（しき）

こたえ _____

アプリに　とくてんを　とうろくしよう！

こたえ ▶ 77ページ

## 4 たしざん
# ふえると　いくつ①

月　日

とくてん

てん

**1** ふえると　いくつに　なりますか。しきに　かきましょう。

1つ10てん【20てん】

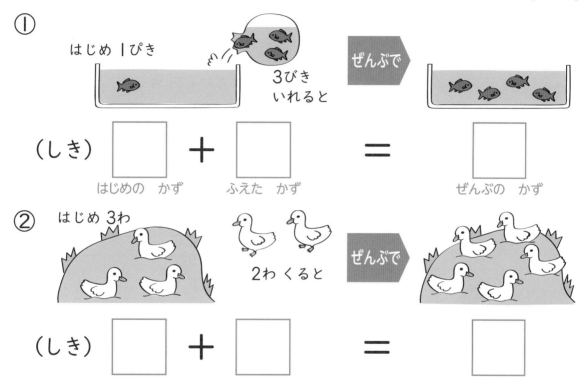

① はじめ 1ぴき　　　3びき いれると　　　ぜんぶで

（しき）　☐　＋　☐　＝　☐

はじめの　かず　　ふえた　かず　　ぜんぶの　かず

② はじめ 3わ　　　2わ くると　　　ぜんぶで

（しき）　☐　＋　☐　＝　☐

**2** ぜんぶで　いくつに　なりますか。しきに　かきましょう。

1つ10てん【20てん】

① はじめ 2ひき　　2ひき くると　　（しき）

☐　＋　☐　＝　☐

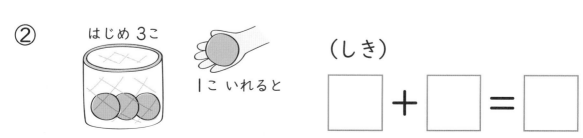

② はじめ 3こ　　1こ いれると　　（しき）

☐　＋　☐　＝　☐

**3** ぜんぶで いくつに なりますか。しきに かきましょう。

1つ15てん【45てん】

①

はじめ 2こ

1に つくると

（しき）

| ＋ | ＝ |
|---|---|

② はじめ 1ぴき

4ひき くると

（しき）

③ はじめ 4こ

2こ いれると

（しき）

**4** 2＋3の しきに なる えは どれですか。（ ）に ○を かきましょう。

【15てん】

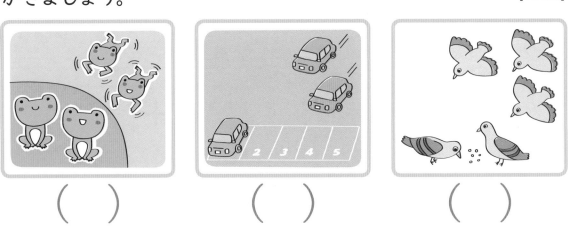

（　　）　　　　　（　　）　　　　　（　　）

がんばって いるね。すばらしい！

こたえ ▶ 78ページ

# 5 たしざん
## ふえると　いくつ②

**1** しきと　こたえを　かきましょう。

しき7てん，こたえ5てん【36てん】

① 

はじめ 1まい

5まい もらいました。

➡ ぜんぶで なんまいに なりましたか。

（しき）　1 ＋ 5 ＝ 6　　こたえ　6まい

② 

はじめ 3ぼん

3ぼん いれました。

➡ ぜんぶで なんぼんに なりましたか。

（しき）　　＋　　＝　　　こたえ　　ぽん

③ 

はじめ 5ひき

が　2ひき きました。

➡ ぜんぶで なんびきに なりましたか。

（しき）　　＋　　＝　　　こたえ　　ひき

13

**2** しきと こたえを かきましょう。 しき10てん，こたえ6てん【64てん】

①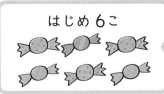
ぜんぶで
➡ なんこに
なりましたか。

（しき）

こたえ _____

②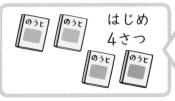
ぜんぶで
➡ なんさつに
なりましたか。

（しき）

こたえ _____

③
みんなで
➡ なんびきに
なりましたか。

（しき）

こたえ _____

④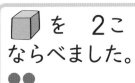
ぜんぶで
➡ なんこ
ならべましたか。

（しき）

こたえ _____

たしざんも できたね。すごいよ！

こたえ ▶ 78ページ

月　日　10ぷん
とくてん

てん

**1** いろがみを　5まい　もって　います。
3まい　もらいました。
　ぜんぶで　なんまいに　なりましたか。

しき5てん，こたえ5てん【10てん】

もらった
はじめの　かず　かず

ぜんぶの
かず

●●●●●　◄　●●●

（しき）　5 + 3 = 8　　　こたえ　8まい

**2** こどもが　3にん　います。そこへ　4にん　きました。
みんなで　なんにんに　なりましたか。 しき10てん，こたえ5てん【15てん】

はじめの
かず　　きた　かず

●●●　◄　●●●●

「にん」も　きちんと
かきましょう。

（しき）　□ + □ = □　　　こたえ　□

**3** はとが　2わ　います。
4わ　とんで　くると，ぜんぶで　なんわに　なりますか。

しき10てん，こたえ5てん【15てん】

はじめの　とんで　きた
かず　　かず

●●　◄　●●●●

（しき）　□ + □ = □　　　こたえ　□

**4** ねこが 6ぴき います。
そこへ 2ひき きました。
　ねこは, ぜんぶで なんびきに
なりましたか。

しき10てん, こたえ10てん【20てん】

こたえを かく ときは,
すうじに つく
ことばにも きを つけて!

(しき)

こたえ _____


**5** はなが 7ほん さいて いました。
きょう 2ほん さきました。
　ぜんぶで なんぼん さきましたか。

しき10てん, こたえ10てん【20てん】

(しき)

こたえ _____


**6** こうえんで こどもが 5にん あそんで います。
　5にん やって くると, ぜんぶで なんにんに なりますか。

しき10てん, こたえ10てん【20てん】

(しき)

こたえ _____

ぶんを よく よんで できたね。さすが!

こたえ ▶ 78ページ

たしざん

# たしざんの　れんしゅう

**1** きいろい　かさが　3ぼん，あかい　かさが
5ほん　あります。

　かさは，ぜんぶで　なんぼん　ありますか。

しき10てん，こたえ5てん【15てん】

きいろい かさ　　あかい かさ

●●●　　●●●●●

（しき）

こたえ _____

**2** じどうしゃが　6だい　とまって　います。そこに　3だい
きました。

　じどうしゃは，ぜんぶで　なんだいに　なりましたか。

しき10てん，こたえ5てん【15てん】

はじめの かず　　きた かず　　　（しき）

●●●●●●　　●●●

こたえ _____

**3** たまごが　2こ　ありました。おかあさんが　8こ　かって
きました。

　たまごは，ぜんぶで　なんこに　なりましたか。

しき10てん，こたえ6てん【16てん】

はじめの
かず　　かって きた かず　　　（しき）

●●　　●●●●●●●●

こたえ _____

**4** こどもが すなばに 4にん,
ぶらんこに 3にん います。
　こどもは, みんなで なんにん
いますか。　しき10てん, こたえ8てん【18てん】
（しき）

「あわせて　いくつ」も
「ふえると　いくつ」も
たしざんに　なるね。

こたえ ＿＿＿＿＿＿＿＿＿＿＿

**5** すいそうに きんぎょが 4ひき います。そこへ 4ひき
いれました。
　ぜんぶで なんびきに なりましたか。しき10てん, こたえ8てん【18てん】
（しき）

こたえ ＿＿＿＿＿＿＿＿＿＿＿

**6** ばすに こどもが 3にん, おとなが
6にん のって います。
　みんなで なんにん のって
いますか。　しき10てん, こたえ8てん【18てん】
（しき）

こたえ ＿＿＿＿＿＿＿＿＿＿＿

たしざんは　ばっちりだね。すごいよ！

こたえ ▶ 79ページ

18

月　日　10ぷん
とくてん

てん

**1** のこりは いくつですか。しきに かきましょう。1つ10てん【20てん】

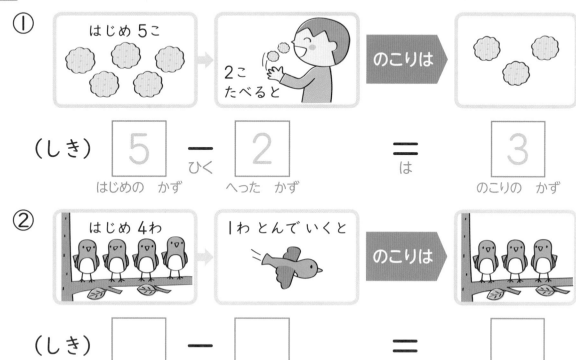

① はじめ 5こ　2こ たべると　のこりは

（しき）　5 − 2 = 3
ひく
はじめの　かず　へった　かず　は　のこりの　かず

② はじめ 4わ　1わ とんで いくと　のこりは

（しき）　☐ − ☐ = ☐

**2** のこりは いくつですか。しきに かきましょう。1つ10てん【20てん】

① はじめ 4まい　2まい つかうと

（しき）

☐ − ☐ = ☐

② はじめ 5にん　3にん かえると

（しき）

☐ − ☐ = ☐

19

**3** のこりは いくつですか。しきに かきましょう。

1つ15てん【45てん】

①

（しき）

□ － □ ＝ □

②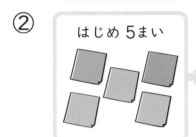

（しき）

□ － □ ＝ □

③

（しき）

□ － □ ＝ □

**4** 3－1の しきに なる えは どれですか。（ ）に ○を かきましょう。

【15てん】

（　） （　） （　）

ひきざんの しきが かけたね。えらい！

こたえ ▶ 79ページ

### 9 ひきざん
# のこりは いくつ②

**1** しきと こたえを かきましょう。

しき7てん，こたえ5てん【36てん】

①

はじめ 6こ　　2こ たべました。　　のこりは なんこですか。

（しき）　6 − 2 = 4　　こたえ　4こ

②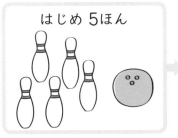

はじめ 5ほん　　4ほん たおしました。　　のこりは なんぼんですか。

（しき）　□ − □ = □　　こたえ　□

③ が 7ひき います。　2ひき とんで いきました。　　のこりは なんびきですか。

（しき）　□ − □ = □　　こたえ　□

**2** しきと こたえを かきましょう。

① 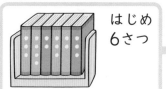 はじめ 6さつ → 3さつ とりました。 → のこりは なんさつですか。

（しき）　　　　　ー　　＝

こたえ _____

②  はじめ 7ひき → 5ひき にがしました。 → のこりは なんびきですか。

（しき）

こたえ _____

③ 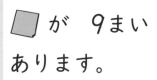 が 9まい あります。 → 5まい くばりました。 → のこりは なんまいですか。

（しき）

こたえ _____

④  が 10こ あります。 → 5こ たべました。 → のこりは なんこですか。

（しき）

こたえ _____

 ひきざんも できたね。すばらしい！

こたえ ▶ 79ページ

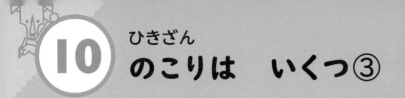

# 10 ひきざん
## のこりは　いくつ③

月　　日
とくてん
てん

**1** こどもが　9にん　います。
4にん　かえりました。
　のこりは　なんにんに
なりましたか。しき5てん, こたえ5てん【10てん】

はじめの　かず　　かえった　かず
のこりの
かず

（しき）　9 － 4 ＝ 5　　　こたえ　5にん

**2** りんごが　7こ　あります。4こ　たべました。
　のこりは　なんこに　なりましたか。　しき10てん, こたえ5てん【15てん】

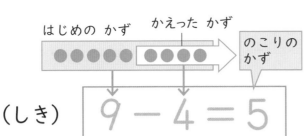

はじめの　かず
たべた
かず

（しき）　　□ － □ ＝ □　　　こたえ　□

**3** すずめが　8わ　います。
　5わ　とんで　いくと, のこりは　なんわに　なりますか。
しき10てん, こたえ5てん【15てん】

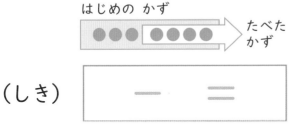

はじめの　かず
とんで
いった　かず

（しき）　　□ － □ ＝ □　　　こたえ　□

**4** たまごが 8こ あります。

りょうりに 2こ つかいました。

　のこりは なんこに なりましたか。

しき10てん，こたえ10てん【20てん】

おちついて
ひきざんを
しようね。

（しき）

こたえ _____

**5** きょうしつに こどもが 9にん

います。6にん でて いくと，

のこりは なんにんに なりますか。

しき10てん，こたえ10てん【20てん】

（しき）

こたえ _____

**6** せみを 10ぴき つかまえましたが，4ひき にげられて

しまいました。

　せみは，なんびき のこって いますか。

しき10てん，こたえ10てん【20てん】

（しき）

こたえ _____

ぶんを よんで ひきざん できたね。すごい！

こたえ ▶ 80ページ

# 11

## ひきざん
## のこりは　いくつ④

**1** うさぎが　7ひき　います。
おすの　うさぎは　3びきです。
めすの　うさぎは　なんびき　いますか。

しき5てん，こたえ5てん【10てん】

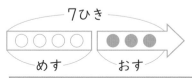
7ひき
めす　おす

（しき）　$7 - 3 = 4$　　　こたえ　4ひき

**2** えんぴつが　8ほん　あります。けずって　ある　えんぴつは
6ぽんです。
けずって　いない　えんぴつは　なんぼんですか。

しき10てん，こたえ5てん【15てん】

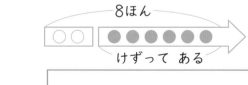
8ほん
けずって　ある

（しき）　□ － □ = □　　　こたえ

**3** くじが　10ぽん　あります。はずれは　6ぽんです。
あたりは　なんぼんですか。

しき10てん，こたえ5てん【15てん】

くじ

10ぽん
はずれ

（しき）　□ － □ = □　　　こたえ

**4** さるが ９ひき います。
こどもの さるは ３びきです。
　おとなの さるは なんびき
いますか。　しき10てん，こたえ10てん【20てん】
（しき）

●で ずを かいたり，
おはじきを つかったり
して かんがえよう。

こたえ _____

**5** たまいれで たまを ８こ なげました。
４こ はいりました。
　はいらなかった たまは なんこですか。
しき10てん，こたえ10てん【20てん】
（しき）

こたえ _____

**6** こどもが 10にん います。ぼうしを かぶって いる
こどもは ７にんです。
　ぼうしを かぶって いない こどもは なんにん いますか。
しき10てん，こたえ10てん【20てん】
（しき）

こたえ _____

すごく がんばったね。えらい！

こたえ ▶ 80ページ

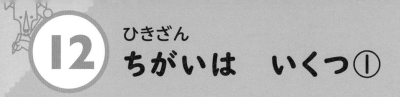

**1** どちらが いくつ おおいですか。　　1つ10てん【20てん】

① 6ぴき
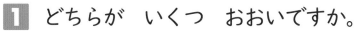

4ひき

おおい

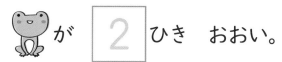
が ☐2 ひき おおい。

② 7こ

3こ

が ☐ こ おおい。

**2** かずの ちがいは いくつですか。　　1つ10てん【30てん】

① 8ひき

5ひき
ちがい

☐3 びき

② 6だい
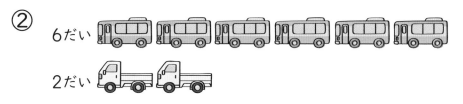

2だい

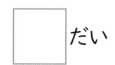
☐ だい

③ 7まい
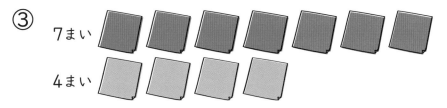

4まい

☐ まい

**3** どちらが いくつ おおいですか。

① 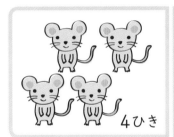   が

4ひき 　 3びき

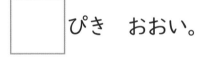 □ ぴき おおい。

②    が

6ぽん 　 3ぼん

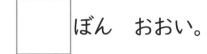 □ ぼん おおい。

③    が

5わ 　 3わ

 □ わ おおい。

**4** かずの ちがいは いくつですか。

①

5こ 　 2こ

 □ こ

②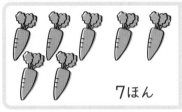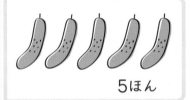

7ほん 　 5ほん

 □ ほん

 じょうずに くらべられたね。この ちょうし！

こたえ ▶ 80ページ

## ちがいは いくつ②

**1** しきと こたえを かきましょう。　しき7てん, こたえ5てん【24てん】

① ねこの ほうが なんびき おおいですか。

ねこ
5ひき

いぬ
4ひき

おおい

（しき） | 5 | − | 4 | = | 1 |　こたえ | 1ぴき |

おおい　　　　すくない　　　おおい
ほうの かず　ほうの かず　かず

② ちょうの ほうが なんびき おおいですか。

ちょう
7ひき

せみ
4ひき

おおい

（しき） | □ | − | □ | = | □ |　こたえ | |

**2** かずの ちがいは なんこですか。　しき7てん, こたえ5てん【12てん】

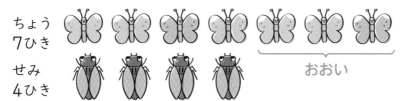

5こ

8こ

（しき） | 8 | − | □ | = | □ |　こたえ | |

おおい　　　　すくない　　　ちがい
ほうの かず　ほうの かず

**3** しきと　こたえを　かきましょう。　しき10てん，こたえ6てん【48てん】

① あおい　おりがみの　ほうが　なんまい　おおいですか。

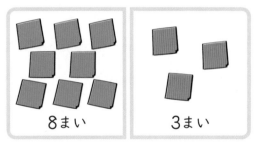

8まい　　　3まい

（しき）

こたえ _____

② とまとの　ほうが　なんこ　おおいですか。

| とまとが<br>9こ<br>あります。 | たまねぎが<br>4こ<br>あります。 |
| --- | --- |

（しき）

こたえ _____

③ めだかの　ほうが　なんびき　おおいですか。

| こいが<br>8ひき<br>います。 | めだかが<br>10ぴき<br>います。 |
| --- | --- |

（しき）

こたえ _____

**4** かずの　ちがいは　なんぼんですか。　しき10てん，こたえ6てん【16てん】

| えんぴつが<br>5ほん<br>あります。 | くれよんが<br>9ほん<br>あります。 |
| --- | --- |

（しき）

こたえ _____

よく　かんがえて　できたね。すごい！

こたえ ▶ 81ページ

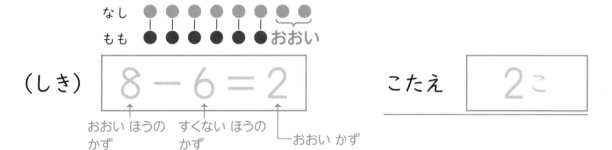

# ちがいは　いくつ③

**1** なしが　8こ　あります。ももが　6こ　あります。
なしの　ほうが　なんこ　おおいですか。しき5てん，こたえ5てん【10てん】

なし ●●●●●●●●
もも ●●●●●● おおい

（しき）　8 － 6 ＝ 2　　こたえ　2こ

おおい ほうの　　すくない ほうの
かず　　　　　　かず　　　　└ おおい かず

**2** すずめが　9わ，つばめが　6わ　います。
どちらが　なんわ　おおいですか。　しき8てん，こたえ7てん【15てん】

すずめ ●●●●●●●●●
つばめ ●●●●●● おおい

（しき）　　－　　＝

こたえ　　　　　が　　　わ　　おおい。

**3** にんじんが　10ぽん，きゅうりが　5ほん　あります。
かずの　ちがいは　なんぼんですか。　しき8てん，こたえ7てん【15てん】

にんじん ●●●●●●●●●●
きゅうり ●●●●● ちがい

（しき）　　－　　＝　　こたえ

31

**4** いけに, ふなが 9ひき, こいが 7ひき います。

ふなは, こいより なんびき おおいですか。

しき10てん, こたえ10てん【20てん】

（しき）

こたえ _____

**5** なわとびで, わたるさんは 6かい,
けんとさんは 10かい とびました。

とんだ かずの ちがいは
なんかいですか。

しき10てん, こたえ10てん【20てん】

（しき）

こたえ _____

**6** かだんに, はちが 10ぴき,
ちょうが 3びき います。

どちらが なんびき
おおいですか。

しき10てん, こたえ10てん【20てん】

（しき）

こたえは,
「～が ●ひき おおい。」
と かこう。

こたえ _____

こたえも きちんと かけたね。えらいよ！

こたえ ▶ 81ページ

# ひきざんの　れんしゅう

**1** こうえんで　こどもが　8にん　あそんで　います。
4にん　かえると，のこりは　なんにんに　なりますか。

しき10てん，こたえ5てん【15てん】

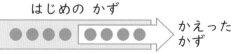

はじめの　かず

かえった
かず

（しき）

こたえ _____

**2** りすと　うさぎが　あわせて　9ひき　います。
りすは　3びきです。
うさぎは　なんびき　いますか。

しき10てん，こたえ5てん【15てん】

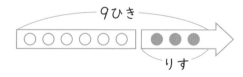

9ひき

りす

（しき）

こたえ _____

**3** ぼくじょうに，うしが　10とう，うまが　7とう　います。
うしは，うまより　なんとう　おおいですか。

しき10てん，こたえ6てん【16てん】

うし
うま　おおい

（しき）

こたえ _____

**4** せんべいが 7まい あります。
2まい たべると, のこりは
なんまいに なりますか。

「のこりは いくつ」も
「ちがいは いくつ」も
ひきざんに なるね。

しき10てん, こたえ8てん【18てん】

(しき)

こたえ _____

**5** あかい はなが 6ぽん, きいろい はなが
8ほん さいて います。
かずの ちがいは なんぼんですか。

しき10てん, こたえ8てん【18てん】

(しき)

こたえ _____

**6** ゆうかさんは, ずかんを 9さつ, えほんを 3さつ もって
います。
どちらが なんさつ おおいですか。　しき10てん, こたえ8てん【18てん】

(しき)

こたえ _____

よく がんばったね。つぎは パズルだよ。

こたえ ▶ 81ページ

**❶** したの なぞなぞの こたえは なにか わかるかな？

**なぞなぞ** さばくで さけんで いる どうぶつは な〜んだ。

○と □の かずを たして，10に なる ものを ──で つなごう。かこまれた どうぶつが なぞなぞの こたえだよ。

**なぞなぞ**　おとうさんが　きらいな　くだものは　な〜んだ。

◯から　☐の　かずを　ひいて，4に　なる　ものを　——<sup>せん</sup>で
つなごう。かこまれた　くだものが　なぞなぞの　こたえだよ。

6　　8　　9　　7　　10

ぶどう　さくらんぼ　いちじく　かき　パパイヤ　メロン　いちご　パイナップル　バナナ

3　　7　　2　　6　　4　　5

こたえ ▶ 82ページ

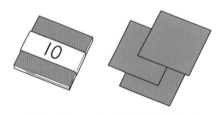

**17**

# 20までの　かずの　たしざん

月　　　日

とくてん

てん

**1** あかい　おりがみが　10まい,
あおい　おりがみが　3まい
あります。
　おりがみは,　あわせて　なんまい
ありますか。

しき5てん,　こたえ5てん【10てん】

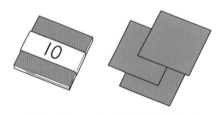

【けいさんの　しかた】

10　と　　　　　で　13。

10　　　　3

(しき)　10 + 3 = 13

こたえ　13まい

**2** えんぴつが　12ほん　あります。
3ぼん　もらいました。
　えんぴつは,　ぜんぶで
なんぼんに　なりましたか。

しき7てん,　こたえ8てん【15てん】

(しき)　12 + 3 =

こたえ

ばらを　たせば
「10と　いくつ」で
けいさん　できるね。

【けいさんの　しかた】

12　　　3

❶ 12は　10と　2。
❷ 2に　3を　たして　5。
❸ 10と　5で　15。

**3** こうえんに 10にん います。
そこへ 5にん やって きました。
ぜんぶで なんにんに
なりましたか。

しき13てん, こたえ12てん【25てん】

10と 5で
いくつかな?

（しき）

こたえ _____

**4** あかい おちばを 13まい,
きいろい おちばを 5まい
ひろいました。
あわせて なんまい ひろいましたか。

しき13てん, こたえ12てん【25てん】

（しき）

こたえ _____

**5** たまごが 11こ あります。
6こ かって くると,
ぜんぶで なんこに なりますか。

しき13てん, こたえ12てん【25てん】

（しき）

こたえ _____

10と いくつで たしざんが できたね。すごい!

こたえ ▶ 82ページ

# 18 20までの かずの けいさん
## 20までの かずの ひきざん

**1** いろがみが 14まい あります。
4まい つかいました。
　のこりは なんまいに
なりましたか。　しき5てん, こたえ5てん【10てん】

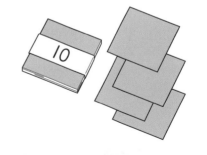

(しき)　14 － 4 ＝ 10

【けいさんの しかた】

❶ 14は 10と 4。
❷ 4を とると,
　のこりは 10。

こたえ　10まい

**2** えんぴつが 15ほん あります。
2ほん あげました。
　のこりは なんぼんに
なりましたか。　しき7てん, こたえ8てん【15てん】

(しき)　15 － 2 ＝

【けいさんの しかた】

❶ 15は 10と 5。
❷ 5から 2を ひいて 3。
❸ 10と 3で 13。

こたえ

**3** せんべいが 13まい あります。
3まい たべました。
のこりは なんまいに なりましたか。

しき13てん，こたえ12てん【25てん】

（しき）

こたえ ＿＿＿＿＿＿＿

**4** トマトが 18こ あります。
5こ たべると，のこりは なんこに
なりますか。

しき13てん，こたえ12てん【25てん】

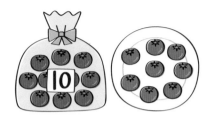

（しき）

ばらを ひけば，
「10と いくつ」で
けいさんできるね。

こたえ ＿＿＿＿＿＿＿

**5** ぼくじょうに，うしが 17とう，ひつじが 3とう います。
うしは，ひつじより なんとう おおいですか。

しき13てん，こたえ12てん【25てん】

（しき）

「ちがいは いくつ」
だから，
ひきざんだね。

こたえ ＿＿＿＿＿＿＿

はんぶんまで きたよ。のこりも がんばろう！

こたえ ▶ 82ページ

# つづけて ふえる とき

**1** はとが 4わ います。
3わ とんで きました。
また 2わ とんで きました。
　はとは, ぜんぶで なんわに
なりましたか。

しき5てん, こたえ5てん【10てん】

　　　　　　3わ　　　　また 2わ
はじめ 4わ　とんで きた。とんで きた。

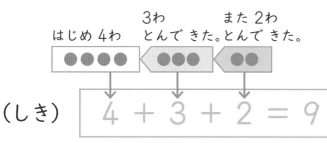

（しき）　$4 + 3 + 2 = 9$

【けいさんの　しかた】
　まえから　じゅんに
けいさんする。

$4 + 3 + 2$

$7 \quad + 2 = 9$

こたえ　　9わ

**2** りんごが 3こ あります。2こ もらいました。
また 3こ もらいました。
　りんごは, ぜんぶで なんこに なりましたか。

しき10てん, こたえ10てん【20てん】

　　　　　2こ　　また 3こ
はじめ 3こ　もらった。もらった。

（しき）　　＋　　＋　　＝

こたえ

**3** かだんに はちが 2ひき います。
そこへ 3びき とんで きました。
また 1ぴき とんで きました。
　はちは, ぜんぶで なんびきに
なりましたか。

しき10てん, こたえ10てん【20てん】

（しき）

こたえ _____

**4** つみきを 4こ ならべました。そこへ 2こ ならべました。
また 4こ ならべました。
　ぜんぶで なんこ ならべましたか。　しき15てん, こたえ10てん【25てん】
（しき）

こたえ _____

**5** バスに おきゃくさんが 6にん のって
います。4にん のって きました。また
3にん のって きました。
　おきゃくさんは, みんなで なんにんに
なりましたか。　しき15てん, こたえ10てん【25てん】
（しき）

「10と いくつ」で
けいさんしよう。

こたえ _____

 よく よんで こたえられたね。すごいよ！

こたえ ▶ 83ページ

# つづけて へる とき

**1** くりが 9こ あります。
2こ たべました。
また 3こ たべました。
　くりは，なんこ のこって
いますか。

しき5てん，こたえ5てん【10てん】

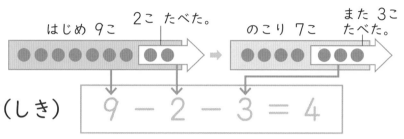

（しき）　9 − 2 − 3 = 4

【けいさんの しかた】
　まえから じゅんに
けいさんする。

9−2−3
　　↓
7 −3 = 4

こたえ　　4こ

**2** おりがみが 8まい あります。4まい つかいました。
また 2まい つかいました。
　おりがみは，なんまい のこって いますか。

しき10てん，こたえ10てん【20てん】

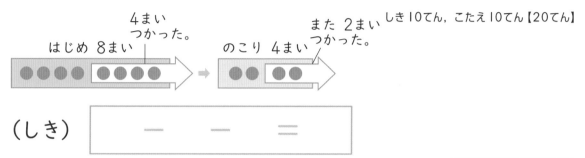

（しき）　□ − □ − □ = □

こたえ　□

43

**3** こうえんに こどもが 9にん
います。ふたり かえりました。
また 4にん かえりました。
　のこりは なんにんに
なりましたか。

しき10てん, こたえ10てん【20てん】

(しき)

こたえ ＿＿＿＿＿＿＿＿＿＿＿

**4** あめが 10こ あります。ともだちに 4こ あげました。
いもうとに 2こ あげました。
　あめは, なんこ のこって いますか。しき15てん, こたえ10てん【25てん】
(しき)

こたえ ＿＿＿＿＿＿＿＿＿＿＿

**5** あさがおの たねが 14こ あります。
うえきばちに 4こ まきました。
かだんに 5こ まきました。
　たねは, なんこ のこって いますか。

14は
10と 4
だから…

しき15てん, こたえ10てん【25てん】

(しき)

こたえ ＿＿＿＿＿＿＿＿＿＿＿

はい, よく がんばりました。えらいよ！

こたえ ▶ 83ページ

## 21 3つの かずの けいさん
# ふえたり へったり
# する とき

月　日

とくてん

てん

**1** トマトが 9こ あります。
5こ たべましたが, 3こ
もらいました。
　トマトは, なんこに
なりましたか。

しき5てん, こたえ5てん【10てん】

はじめ 9こ　　5こ たべた。　　のこり 4こ　　3こ もらった。

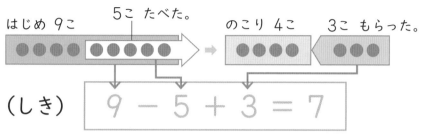

【けいさんの しかた】
　まえから じゅんに
けいさんする。

9−5+3
↓
4 +3 = 7

（しき）　9 − 5 + 3 ＝ 7

こたえ　　7こ

**2** バスに おきゃくさんが ふたり のって います。5にん
のって きましたが, 4にん おりました。
　おきゃくさんは, なんにんに なりましたか。

しき10てん, こたえ10てん【20てん】

はじめ
ふたり　　5にん のって きた。　　7にんに なった。　　4にん
　　　　　　　　　　　　　　　　　　　　　　　　　　　おりた。

（しき）　　　　＋　　　−　　　＝

ふえて へる ときも,
まえから じゅんに けいさんするよ。

こたえ

**3** こうえんに はとが 6わ います。
3わ とんで いきましたが, 5わ
とんで きました。
　はとは, なんわに なりましたか。

しき10てん, こたえ10てん【20てん】

(しき)

こたえ _____

**4** ちゅうしゃじょうに じどうしゃが 10だい
とまって います。4だい でて いきましたが,
2だい はいって きました。
　じどうしゃは, なんだいに なりましたか。

しき15てん, こたえ10てん【25てん】

(しき)

こたえ _____

**5** きょうしつに 6にん います。4にん はいって
きましたが, 5にん でて いきました。
　きょうしつに いる ひとは, なんにんに なりましたか。

しき15てん, こたえ10てん【25てん】

(しき)

こたえ _____

しきが きちんと かけたね。すごいよ！

こたえ ▶ 83ページ

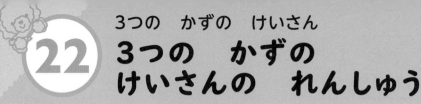

**1** かだんに　ちょうが　2ひき　いました。そこへ　3びき
とんで　きました。また　2ひき　とんで　きました。
　ちょうは，ぜんぶで　なんびきに　なりましたか。

しき10てん，こたえ5てん【15てん】

（しき）

こたえ _____

**2** たまごが　8こ　ありました。あさ　2こ　たべて，よる
3こ　たべました。
　たまごは，なんこに　なりましたか。　しき10てん，こたえ5てん【15てん】

（しき）

こたえ _____

**3** きゅうりが　6ぽん　ありました。4ほん　たべましたが，
おかあさんが　6ぽん　かって　きました。
　きゅうりは，なんぼんに　なりましたか。　しき10てん，こたえ6てん【16てん】

（しき）

こたえ _____

47

**4** いけに あひるが 8わ います。
そこへ 2わ きました。
また 3わ きました。
　あひるは、みんなで なんわに
なりましたか。

しき10てん、こたえ8てん【18てん】

ふえるのか
へるのかに
きを つけて!

(しき)

こたえ _____

**5** さかなを 12ひき つかまえました。おとうとに 2ひき、
ともだちに 3びき あげました。
　さかなは、なんびき のこって いますか。

しき10てん、こたえ8てん【18てん】

(しき)

こたえ _____

**6** あかい はなが 6ぽん、きいろい
はなが 4ほん さいて います。
　2ほん きると、のこりは なんぼんに
なりますか。

しき10てん、こたえ8てん【18てん】

(しき)

こたえ _____

3つの かずの けいさんは ばっちりだね!

こたえ ▶ 84ページ

月　日

10ぷん

とくてん

てん

**1** しろい ねこが 9ひき, くろい ねこが 4ひき います。

　ねこは, ぜんぶで なんびき いますか。

しき5てん, こたえ5てん【10てん】

しろい ねこ 9ひき　　くろい ねこ 4ひき

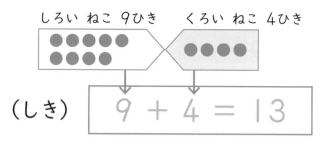

（しき）　9 ＋ 4 ＝ 13

こたえ　13びき

【けいさんの しかた】

10を つくって けいさんする。
❶ 9は あと 1で 10。
❷ 4を 1と 3に わける。
❸ 9に 1を たして 10。
❹ 10と 3で 13。

**2** はるとさんは かきを 8こ とりました。おとうとは 3こ とりました。

　ふたりで かきを なんこ とりましたか。

しき10てん, こたえ10てん【20てん】

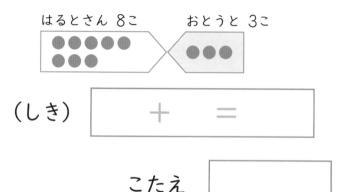

はるとさん 8こ　　おとうと 3こ

（しき）　　　＋　＝

こたえ

10を つくって けいさんするよ。
8は あと 2で 10だから…

49

**3** あおい　はなが　5ほん，きいろい　はなが
8ほん　さいて　います。
　はなは，ぜんぶで　なんぼん　さいて
います。

しき10てん，こたえ10てん【20てん】

（しき）

あわせる　ときは
たしざんだね。

こたえ

**4** どうぶつえんに，おすの　ライオンが
8とう，めすの　ライオンが　7とう
います。
　ライオンは，みんなで　なんとう
います。

しき15てん，こたえ10てん【25てん】

（しき）

こたえ

**5** ももかさんは　くりを　6こ　たべました。おかあさんは
7こ　たべました。
　ふたりで　なんこ　たべましたか。

しき15てん，こたえ10てん【25てん】

（しき）

こたえ

たしざんも　きちんと　できたね。えらい！

こたえ ▶ 84ページ

**1** こどもが 7にん います。4にん
やって きました。

こどもは, みんなで なんにんに
なりましたか。　しき5てん, こたえ5てん【10てん】

はじめ 7にん　　4にん やって きた。

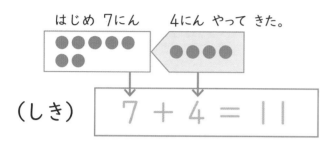

（しき）　$7 + 4 = 11$

こたえ　11にん

4にん ふえるから
たしざんに
なるね。

**2** えんぴつを 6ぽん もって います。きょう 8ほん
かいました。

えんぴつは, ぜんぶで なんぼんに なりましたか。

しき10てん, こたえ10てん【20てん】

はじめ 6ぽん　　8ほん かった。

（しき）　　　＋　　＝

こたえ

【けいさんの しかた】

6と 8の どちらで 10を
つくっても よい。
8で 10を つくると,
❶ 8は あと 2で 10。
❷ 6を 4と 2に
わける。
❸ 8と 2で 10。
❹ 10と 4で 14。

6＋8
4　2

**3** ものほしざおに　とんぼが　9ひき
とまって　います。また　3びき
とまりました。
　とんぼは，ぜんぶで　なんびき
とまって　いますか。

しき10てん，こたえ10てん【20てん】

（しき）

たしざんを　まちがえたら，
おはじきなどを　つかって
かんがえて　みよう。

　　　　　　　　　　　こたえ ＿＿＿＿＿＿＿＿＿＿

**4** あいりさんは　おりづるを　4こ　もって　いました。きょう
7こ　おりました。
　おりづるは，ぜんぶで　なんこに　なりましたか。

しき15てん，こたえ10てん【25てん】

（しき）

　　　　　　　　　　　こたえ ＿＿＿＿＿＿＿＿＿＿

**5** ゆうなさんは　きのうまでに　ほんを
9ページ　よみました。
　きょう　5ページ　よむと，ぜんぶで
なんページ　よんだ　ことに　なりますか。

しき15てん，こたえ10てん【25てん】

（しき）

　　　　　　　　　　　こたえ ＿＿＿＿＿＿＿＿＿＿

この　ちょうしで　がんばろうね。

こたえ ▶ 84ページ

月　　日

とくてん

てん

**1** ジュースが はこに 7ほん, れいぞうこに 5ほん
はいって います。

　ジュースは, ぜんぶで なんぼん ありますか。

しき10てん, こたえ5てん【15てん】

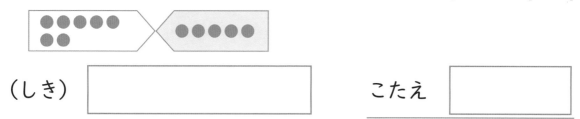

（しき）　　　　　　　　　　　　　　　　こたえ

**2** きのこを 9こ とりました。また 6こ とりました。
　きのこは, ぜんぶで なんこに なりましたか。

しき10てん, こたえ5てん【15てん】

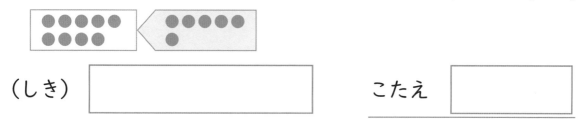

（しき）　　　　　　　　　　　　　　　　こたえ

**3** えんぴつが 6ぽん はいって いる はこが 2つ
あります。

　えんぴつは, ぜんぶで なんぼん ありますか。

しき10てん, こたえ6てん【16てん】

（しき）　　　　　　　　　　　　　　　　こたえ

**4** はこに りんごが 8こ はいって
います。そこへ 9こ いれました。
　はこの りんごは, ぜんぶで なんこに
なりましたか。　しき10てん, こたえ8てん【18てん】
（しき）

あわせる ときや
ふえる ときは
たしざんに なるね。

こたえ ＿＿＿＿＿＿＿＿＿

**5** うさぎが こやの なかに 4ひき, こやの そとに 9ひき
います。
　うさぎは, ぜんぶで なんびき いますか。
　しき10てん, こたえ8てん【18てん】
（しき）

こたえ ＿＿＿＿＿＿＿＿＿

**6** かいだんを 7だん のぼりました。
かいだんは あと 8だん あります。
　この かいだんは, ぜんぶで
なんだん ありますか。
　しき10てん, こたえ8てん【18てん】
（しき）

こたえ ＿＿＿＿＿＿＿＿＿

たくさん がんばったね。すごいよ！

こたえ ▶ 85ページ

**26** たしざんと ひきざん
# くり下がりの ある ひきざん①

月　日

**1** おかしが 12こ あります。9こ たべました。
おかしは, なんこ のこって いますか。

しき5てん, こたえ5てん【10てん】

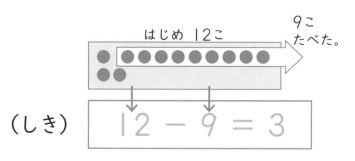
はじめ 12こ
9こ たべた。

（しき）　12 − 9 = 3

こたえ　3こ

【けいさんの しかた】

12の なかの 10から
ひいて けいさんする。
❶ 12を 10と 2に わける。
❷ 10から 9を ひいて 1。
❸ 1と 2で 3。

**2** あかい はなと しろい はなが,
あわせて 14ほん あります。しろい
はなは 6ぽんです。

あかい はなは, なんぼん ありますか。

しき10てん, こたえ10てん【20てん】

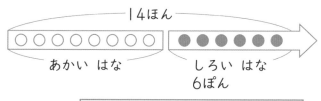
14ほん
あかい はな　しろい はな
6ぽん

（しき）　　　−　　　＝

こたえ

ぜんぶの はなから
しろい はなを
ひけば, のこりは
あかい はなだね。

55

**3** どんぐりを 15こ ひろいました。
おとうとに 6こ あげました。
　どんぐりは，なんこ のこって
いますか。　しき10てん，こたえ10てん【20てん】
（しき）

のこりは
ひきざんで
わかるね。

こたえ _____

**4** きょうしつに こどもが 12にん います。
5にん でて いきました。
　きょうしつに いる こどもは，なんにんに なりましたか。
しき15てん，こたえ10てん【25てん】
（しき）

こたえ _____

**5** こどもが 11にん います。めがねを
かけて いる こどもは 3にんです。
　めがねを かけて いない こどもは，
なんにん いますか。
しき15てん，こたえ10てん【25てん】
（しき）

こたえ _____

ひきざんも ばっちり できたね。

こたえ ▶ 85ページ

**1** くりが 11こ，かきが 8こ あります。
くりは，かきより なんこ おおいですか。

しき5てん，こたえ5てん【10てん】

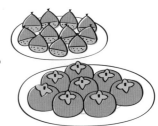

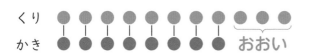

くり
かき　おおい

おおい ほうの
かず　　　　　すくない ほうの
　　　　　　　かず

（しき）　　11 － 8 ＝ 3

こたえ　　3こ

かずの ちがいは
ひきざんで
わかるね。

**2** しろい きくが 13ぼん，きいろい きくが 4ほん
さいて います。
　かずの ちがいは なんぼんですか。

しき10てん，こたえ10てん【20てん】

しろ
きいろ　　ちがい

（しき）　　□ － □ ＝ □

こたえ　□

【けいさんの しかた】

4を 10から ひいても，
はじめに ばらから ひいても，
どちらでも よい。
はじめに ばらから ひくと，
❶ 4を 3と 1に わける。
❷ 13から 3を ひいて 10。
❸ 10から 1を ひいて 9。

57

**3** きゅうりが 14ほん, にんじんが 8ほん あります。
きゅうりは, にんじんより なんぼん おおいですか。

しき 10てん, こたえ 10てん【20てん】

（しき）

こたえ _____

**4** ゆうまさんたちは, いろがようしを
7まい, おりがみを 16まい
つかいました。
つかった かずの ちがいは
なんまいですか。

しき 15てん, こたえ 10てん【25てん】

おおきい かずから
ちいさい かずを
ひくよ。
しきに きを つけて！

（しき）

こたえ _____

**5** なわとびを しました。たくみさんは 17かい,
ななさんは 9かい とびました。
どちらが なんかい おおく とびましたか。

しき 15てん, こたえ 10てん【25てん】

（しき）

こたえ _____

すごく がんばったね。えらいよ！

こたえ ▶ 85ページ

# ひきざんの れんしゅう

月　日　10ぷん

とくてん

てん

**1** がようしが 13まい あります。

8まい くばると, のこりは なんまいに なりますか。

しき10てん, こたえ5てん【15てん】

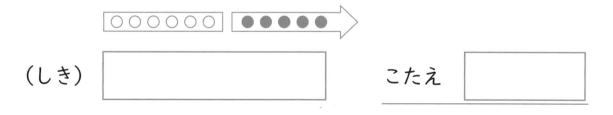

（しき）　　　　　　　　　　　　　　　こたえ

**2** どうぶつえんに くまが 11とう います。そのうち

おすの くまは 5とうです。

めすの くまは, なんとう いますか。　しき10てん, こたえ5てん【15てん】

（しき）　　　　　　　　　　　　　　　こたえ

**3** ばったが 12ひき, こおろぎが 7ひき います。

ばったは, こおろぎより なんびき おおいですか。

しき10てん, こたえ6てん【16てん】

ばった

こおろぎ

（しき）　　　　　　　　　　　　　　　こたえ

**4** ちゅうしゃじょうに　じどうしゃが
１１だい　とまって　います。
　７だい　でて　いくと，のこりは
なんだいに　なりますか。しき10てん，こたえ8てん【18てん】
（しき）

「のこりは　いくつ」，
「ちがいは　いくつ」は
ひきざんだね。

こたえ _____

**5** えいたさんは，サッカーの　シュートの
れんしゅうを　12かい　しました。
　そのうち　4かい　はいりませんでした。
　はいったのは　なんかいですか。
しき10てん，こたえ8てん【18てん】
（しき）

こたえ _____

**6** みゆさんは，きいろい　おちばを　9まい，あかい　おちばを
16まい　ひろいました。
　おちばの　かずの　ちがいは　なんまいですか。
しき10てん，こたえ8てん【18てん】
（しき）

こたえ _____

ひきざんも　ばっちりだね。すごい！

こたえ ▶ 86ページ

60

月　日

とくてん

てん

**1** ものがたりの ほんが 7さつ, えほんが 6さつ あります。
ほんは, ぜんぶで なんさつ ありますか。

しき10てん, こたえ5てん【15てん】

（しき）

こたえ ＿＿＿＿＿＿＿＿＿＿

**2** ケーキが 11こ あります。4こ たべました。
ケーキは, なんこ のこって いますか。

しき10てん, こたえ5てん【15てん】

（しき）

こたえ ＿＿＿＿＿＿＿＿＿＿

**3** ちゅうしゃじょうに, トラックが 15だい,
バスが 7だい とまって います。
トラックは, バスより なんだい
おおいですか。

しき10てん, こたえ6てん【16てん】

トラック ●｜●｜●｜●｜●｜●｜●｜● ● ● ● ● ● ● ● ●
バス ● ● ● ● ● ● ●

（しき）

こたえ ＿＿＿＿＿＿＿＿＿＿

**4** そうたさんは カードを 7まい
もって いました。
　きょう 8まい かうと, ぜんぶで
なんまいに なりますか。

たしざんか
ひきざんか
よく かんがえて！

しき10てん, こたえ8てん【18てん】

（しき）

こたえ ＿＿＿＿＿＿＿＿＿＿＿

**5** えんぴつが 12ほん あります。けずって ある
えんぴつは 8ほんです。
　けずって いない えんぴつは なんぼんですか。

しき10てん, こたえ8てん【18てん】

（しき）

こたえ ＿＿＿＿＿＿＿＿＿＿＿

**6** たまいれを しました。あかぐみは
13こ, しろぐみは 6こ はいりました。
　どちらが なんこ おおく
はいりましたか。　しき10てん, こたえ8てん【18てん】

（しき）

こたえ ＿＿＿＿＿＿＿＿＿＿＿＿＿＿＿＿＿＿

よく かんがえて できたね。すばらしい！

こたえ ▶ 86ページ

## 30 大きな かずの けいさん
## 100までの かずの たしざん

**1** あかい いろがみが 50まい，あおい いろがみが 30まい あります。

いろがみは，ぜんぶで なんまい ありますか。

しき7てん，こたえ7てん【14てん】

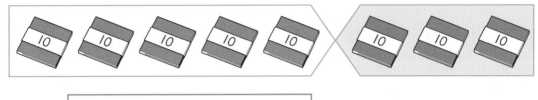

（しき）　50 ＋ 30 ＝

こたえ

【けいさんの しかた】
❶ 10が 5+3で 8こ。
❷ 10が 8こで 80。

**2** ちょきんばこに 32えん はいって いました。

きょう 4えん いれました。

ぜんぶで なんえんに なりましたか。

しき7てん，こたえ7てん【14てん】

（しき）　32 ＋ 4 ＝

こたえ

【けいさんの しかた】
❶ 32は 30と 2。
❷ 2に 4を たして 6。
❸ 30と 6で 36。

**3** ひかりさんは　はなを　40ぽん　つみました。いもうとは 20ぽん　つみました。

　　あわせて　なんぼん　つみましたか。　しき14てん, こたえ10てん【24てん】

（しき）


こたえ　_____


**4** 60えんの　おかしと, 40えんの ガム（が む）を　かいます。

　　ぜんぶで　いくらに　なりますか。
　　しき14てん, こたえ10てん【24てん】

（しき）

> 10が　10こで 100（ひゃく）だね。


こたえ　_____


**5** りくさんは　ほんを　きのうまでに　53ページ（ぺえじ） よみました。きょうは　6ページ　よみました。

　　ぜんぶで　なんページ　よみましたか。
　　しき14てん, こたえ10てん【24てん】

（しき）

こたえ　_____

> 大（おお）きな　かずでも　へっちゃらだね。

こたえ ▶ 86ページ

**31** 大きな　かずの　けいさん
# 100までの　かずの
# ひきざん

月　　日　　　**10**ぷん

とくてん

てん

**1** こうきさんは　60えん　もって　います。

20えんの　ラムネを　かいました。

のこりは　いくらに　なりましたか。

しき7てん，こたえ7てん【14てん】

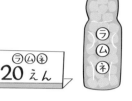

（しき）　$60 - 20 =$

こたえ ☐

【けいさんの　しかた】
❶　10が　6−2で　4こ。
❷　10が　4こで　40。

**2** おりがみが　45まい　あります。つるを　おるのに，3まい

つかいました。

のこりは　なんまいに　なりましたか。　しき7てん，こたえ7てん【14てん】

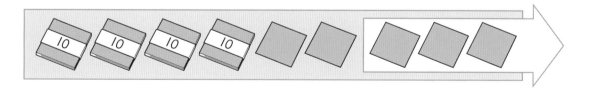

（しき）　$45 - 3 =$

こたえ ☐

【けいさんの　しかた】
❶　45は　40と　5。
❷　5から　3を　ひいて　2。
❸　40と　2で　42。

**3** がっきゅうぶんこに　ほんが　80さつ　ありました。
いま　30さつ　かしだして　います。
　ほんは，なんさつ　のこって　いますか。

しき14てん，こたえ10てん【24てん】

（しき）

こたえ ＿＿＿＿＿＿＿＿＿＿

**4** がようしと　いろがようしが　あわせて
100まい　あります。
　そのうち　がようしは　80まいです。
　いろがようしは，なんまい　ありますか。

100は，
10が　10こだね。

しき14てん，こたえ10てん【24てん】

（しき）

こたえ ＿＿＿＿＿＿＿＿＿＿

**5** なわとびを　しました。れんさんは　49かい，おとうとは
7かい　とびました。
　れんさんは，おとうとより　なんかい　おおく　とびましたか。

しき14てん，こたえ10てん【24てん】

（しき）

こたえ ＿＿＿＿＿＿＿＿＿＿

えらい！　がんばって　いるの　しってるよ。

こたえ ▶ 87ページ

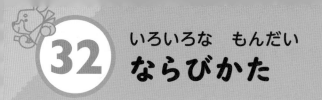

**32** いろいろな　もんだい
# ならびかた

月　　日

とくてん

てん

**1** こどもが　1れつに　ならんで　います。

さとみさんは　まえから　5ばんめに　います。さとみさんの
うしろに　7にん　います。

みんなで　なんにん　いますか。

しき5てん，こたえ5てん【10てん】

5ばんめ

まえ ○○○○● ○○○○○○○ うしろ
　　└─5にん─┘ └──7にん──┘

（しき） `5 ＋ 7 ＝ 12`　　　こたえ `12にん`

└─ さとみさんの　うしろに　いる　にんずう
└─ まえから　さとみさんまでの　にんずう

**2** こどもが　1れつに　11にん　ならんで　います。

りょうたさんは　まえから　5ばんめに　います。

りょうたさんの　うしろには　なんにん　いますか。

しき9てん，こたえ9てん【18てん】

└──11にん──┘

まえ ○○○○● ○○○○○○ うしろ
　　└─5にん─┘↑
　　　　　5ばんめ

（しき） `11 － ＝`　　　こたえ

└─ まえから　りょうたさんまでの　にんずう
└─ ぜんぶの　にんずう

**3** ゆうとさんは でんしゃの まえから 8りょうめに のりました。うしろには あと 5りょう あります。

ぜんぶで なんりょう つながって いますか。

しき14てん, こたえ10てん【24てん】

（しき）

こたえ _____

**4** こどもが 1れつに 13にん ならんで います。

ほのかさんは うしろから 6ばんめに います。

ほのかさんの まえには なんにん いますか。

（しき）

しき14てん, こたえ10てん【24てん】

こたえ _____

**5** こどもが 1れつに ならんで います。

あやのさんの まえに 4にん, うしろに 5にん います。

みんなで なんにん ならんで いますか。

しき14てん, こたえ10てん【24てん】

あやのさんの かず 1を たさないと いけないね。

（しき）

こたえ _____

よく かんがえて できたね。さすが！

こたえ ▶ 87ページ

**1** しゃしんを とります。7この いすに ひとりずつ すわり，うしろに 5にん たちます。

なんにんで しゃしんを とりますか。

しき5てん，こたえ5てん【10てん】

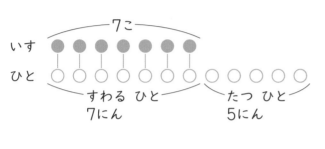

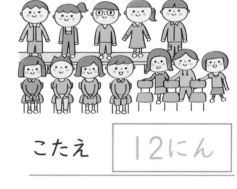

（しき） $7 + 5 = 12$

こたえ　12にん

└─たつ ひとの かず

└─すわる ひとの かず

**2** がようしが 12まい あります。

8にんに 1まいずつ くばりました。

がようしは，なんまい のこって

いますか。

しき9てん，こたえ9てん【18てん】

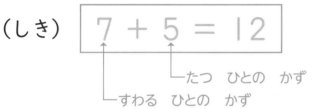

（しき） $12 -$ 　 $=$

こたえ

└─8にんに くばる がようしの かず

└─ぜんぶの がようしの かず

**3** 8にんに みかんを 1こずつ くばりました。
みかんは まだ 6こ のこって います。
　みかんは, ぜんぶで なんこ ありましたか。

8にんに くばる
みかんは なんこかな。

しき14てん, こたえ10てん【24てん】

（しき）

こたえ ＿＿＿＿＿＿＿＿＿＿＿


**4** ジュースが 14ほん あります。
　9にんが 1ぽんずつ のむと, ジュースは なんぼん
のこりますか。

しき14てん, こたえ10てん【24てん】

（しき）

こたえ ＿＿＿＿＿＿＿＿＿＿＿


**5** いすが 7こ あります。12にんで
いすとりゲームを します。
　いすに すわれない ひとは なんにん
ですか。

しき14てん, こたえ10てん【24てん】

（しき）

こたえ ＿＿＿＿＿＿＿＿＿＿＿

はい, よく がんばりました。えらい！

こたえ ▶ 87ページ

## 34 いろいろな もんだい
# ちがいを みて

月　日　10ぷん
とくてん
てん

**1** どうぶつえんに, たぬきが 6ぴき います。
きつねは, たぬきより 5ひき おおいそうです。
きつねは, なんびき いますか。

しき5てん, こたえ5てん【10てん】

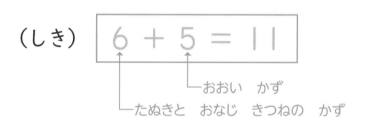

（しき）　6 ＋ 5 ＝ 11　　　こたえ　11ぴき

└─ おおい かず
└─ たぬきと おなじ きつねの かず

**2** おかあさんは じゃがいもを 12こ かいました。
たまねぎは, じゃがいもより 4こ すくなく かったそうです。
たまねぎは, なんこ かいましたか。

しき9てん, こたえ9てん【18てん】

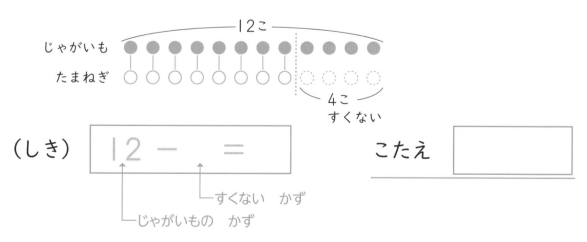

（しき）　12 － 　＝ 　　　こたえ

└─ すくない かず
└─ じゃがいもの かず

**3** はこの なかに, りんごが 9こ はいって います。みかんは, りんごより 6こ おおく はいって います。

みかんは, なんこ はいって いますか。

ずを かくと
わかりやすく なるよ。

しき14てん, こたえ10てん【24てん】

（しき）

こたえ _____

**4** みさきさんは えほんを 14さつ もって います。
けんとさんは, みさきさんより 5さつ すくないそうです。

けんとさんは, えほんを なんさつ もって いますか。

しき14てん, こたえ10てん【24てん】

（しき）

こたえ _____

**5** がようしは 1まい 8えんです。
いろがようしは, がようしより 7えん たかいそうです。

いろがようしは, いくらですか。

しき14てん, こたえ10てん【24てん】

（しき）

こたえ _____

たくさん がんばったね。この ちょうし！

こたえ ▶ 88ページ

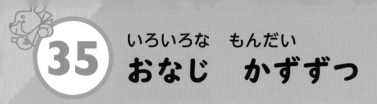

月　日　10ぷん
とくてん

てん

**1** みかんが 6こ あります。
3にんで おなじ かずずつ わけます。

1つ10てん【20てん】

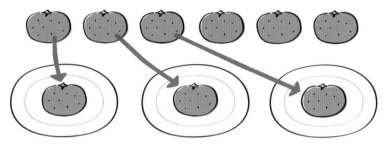

1こずつ
わけて
いくと…。

① ひとりぶんは なんこに なりますか。

( 　　こ)

② しきに かいて
たしかめましょう。

ひとりぶん
↓
2 + □ + □ = 6
└──3にんぶん──┘

**2** いちごが 12こ あります。
ひとりに 4こずつ くばります。

1つ10てん【20てん】

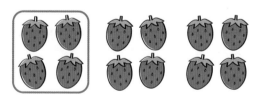

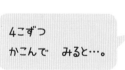

4こずつ
かこんで みると…。

① なんにんに くばれますか。

( 　　にん)

② しきに かいて
たしかめましょう。

ひとりぶん
↓
4 + □ + □ = 12

**3** トマトが 10こ あります。
　ふたりで おなじ かずずつ
わけます。　　　　　　　1つ10てん【20てん】

① ひとりぶんは なんこに なりますか。

（　　　　　）

② しきに かいて
　たしかめましょう。

$\boxed{\phantom{0}} + \boxed{\phantom{0}} = \boxed{\phantom{0}}$

**4** クッキーが 12こ あります。
　3にんで おなじ かずずつ
わけます。　　　　　1つ10てん【20てん】

① ひとりぶんは なんこに なりますか。

（　　　　　）

② しきに かいて
　たしかめましょう。

$\boxed{\phantom{0000000}} = \boxed{\phantom{0}}$

**5** くりが 16こ あります。
　ひとりに 4こずつ
くばります。　　　　1つ10てん【20てん】

① なんにんに くばれますか。

（　　　　　）

② しきに かいて
　たしかめましょう。

$\boxed{\phantom{0000000}} = \boxed{\phantom{0}}$

じょうずに わけられたね。さいごは まとめテストだよ。

こたえ ▶ 88ページ

**1** あかい　はなが　6こ，しろい　はなが　4こ　さきました。
ぜんぶで　なんこ　さきましたか。　　しき6てん，こたえ6てん【12てん】
（しき）

こたえ _____

**2** こうえんに，おとなが　9にん，こどもが　3にん　います。
おとなは，こどもより　なんにん　おおいですか。

しき6てん，こたえ6てん【12てん】
（しき）

こたえ _____

**3** くりが　17こ　あります。あすかさんは　7こ，いもうとは
6こ　たべました。
くりは，なんこ　のこって　いますか。　しき6てん，こたえ6てん【12てん】
（しき）

こたえ _____

**4** たこやきが　10こ　あります。8こ　たべましたが，また
5こ　つくりました。
たこやきは，なんこに　なりましたか。　しき6てん，こたえ6てん【12てん】
（しき）

こたえ _____

**5** あおいさんは　めだかを　7ひき　かって　いました。
きょう　9ひき　うまれたそうです。
めだかは，なんびきに　なりましたか。　しき7てん，こたえ6てん【13てん】
（しき）

こたえ _____

**6** 15にん　のれる　ふねが　あります。いま，8にん　のって
います。
あと　なんにん　のれますか。　しき7てん，こたえ6てん【13てん】
（しき）

こたえ _____

**7** こどもが　1れつに　14にん　ならんで　います。
ひなさんは，まえから　6ばんめです。
ひなさんの　うしろには　なんにん　いますか。
しき7てん，こたえ6てん【13てん】
（しき）

こたえ _____

**8** いけに　はくちょうが　6わ　います。
かもは，はくちょうより　7わ　おおく　います。
かもは，なんわ　いますか。　しき7てん，こたえ6てん【13てん】
（しき）

こたえ _____

こたえ ▶ 88ページ

# こたえ と アドバイス

---

**1** あわせて　いくつ① 5~6ページ

**1** ① 3+2=5　② 2+1=3

**2** ① 4+1=5　② 2+2=4

**3** ① 1+2=3　② 3+1=4
　　③ 2+3=5

**4** （　）（○）（　）

🛈アドバイス　「あわせていくつ」という合併の場面でのたし算の意味と，たし算の式の表し方の学習です。

はじめてのたし算なので，「たし算」，「式」という言葉や式の読み方もしっかり理解させましょう。式は，絵の（左側の数）＋（右側の数）＝（全部の数）と書くように指導してください。

---

**2** あわせて　いくつ② 7~8ページ

**1** ① しき　5+1=6
　　こたえ　6こ
　② しき　3+3=6
　　こたえ　6わ
　③ しき　5+2=7
　　こたえ　7ひき

**2** ① しき　2+4=6
　　こたえ　6だい
　② しき　5+3=8
　　こたえ　8ほん
　③ しき　7+1=8
　　こたえ　8まい
　④ しき　4+3=7
　　こたえ　7ひき

🛈アドバイス　絵から文へと導きながら，合併のたし算の理解を深めます。式を書くときは，数字と同様に，＋，＝の記号もきちんと書くように指導してください。＋と＝の書き順は右のようになります。

また，答えを書くときは，「こ」，「わ」などの助数詞にも注意させましょう。

---

**3** あわせて　いくつ③ 9~10ページ

**1** しき　3+4=7
　こたえ　7にん

**2** しき　4+4=8
　こたえ　8ほん（8ぽん）

**3** しき　4+5=9
　こたえ　9こ

**4** しき　6+2=8
　こたえ　8まい

**5** しき　5+4=9
　こたえ　9ひき

**6** しき　4+6=10
　こたえ　10こ

🛈アドバイス　本格的な合併の場面のたし算の文章題です。例えば**2**では，次のような順で取り組ませましょう。
❶問題文を2回くらい読ませる。
❷式を「4+4」と書く。
❸4+4を暗算でさせ，「=8」と書く。
❹助数詞に注意させ，答えに「8ほん」と書く。

## 4 ふえると いくつ① 11~12ページ

■ ① 1+3=4 ② 3+2=5
■ ① 2+2=4 ② 3+1=4
■ ① 2+1=3 ② 1+4=5
　③ 4+2=6
■ （ ）（ ）（○）

🔵アドバイス 「ふえると いくつ」と
いう増加の場面でのたし算の意味を理
解し，式に表す学習です。合併との場
面のちがいにも気づかせてください。

　合併の式では，たされる数とたす数
が入れかわっていてもかまいませんが，
増加の式では，（はじめの数）+（増え
た数）=（全部の数）と書くことが原則
です。また，「2つの数を合わせて1
つの数にする」という観点から，合併
も増加もたし算の式に表せることも理
解させましょう。

## 5 ふえると いくつ② 13~14ページ

■ ① しき 1+5=6
　　こたえ 6まい
　② しき 3+3=6
　　こたえ 6ぽん（6ほん）
　③ しき 5+2=7
　　こたえ 7ひき
■ ① しき 6+1=7
　　こたえ 7こ
　② しき 4+3=7
　　こたえ 7さつ
　③ しき 5+4=9
　　こたえ 9ひき
　④ しき 2+5=7
　　こたえ 7こ

🔵アドバイス 絵から文へと導きなが
ら，増加のたし算の理解を深めます。

　問題を見ながら，「もらう」，「入れる」，
「来る」などの増えることを表す言葉と，
「全部で」，「みんなで」などのたし算
を表す言葉に目を向けさせましょう。

　また，助数詞を使った答えの書き方
にも慣れさせましょう。

## 6 ふえると いくつ③ 15~16ページ

■ しき 5+3=8
　こたえ 8まい
■ しき 3+4=7
　こたえ 7にん
■ しき 2+4=6
　こたえ 6わ
■ しき 6+2=8
　こたえ 8ひき（8ぴき）
■ しき 7+2=9
　こたえ 9ほん
■ しき 5+5=10
　こたえ 10にん

🔵アドバイス 本格的な増加の場面の
たし算の文章題です。

　例えば■で，「全部で何びきになり
ましたか。」という問題文から，答え
を「8びき」とまちがえる場合があり
ます。お子さまにとって，助数詞は難
しいものです。この段階では，答えの
数値が正しければ，助数詞がまちがっ
ていても，指導しながら正解としてく
ださい。使っていくうちに，しだいに
できるようになります。日常の生活で
も，助数詞を積極的に使って数を表現
させるとよいでしょう。

**7** **たしざんの　れんしゅう** 17-18ページ

**1** しき　3+5=8
　　こたえ　8ほん（8ぽん）

**2** しき　6+3=9
　　こたえ　9だい

**3** しき　2+8=10
　　こたえ　10こ

**4** しき　4+3=7
　　こたえ　7にん

**5** しき　4+4=8
　　こたえ　8ひき（8ぴき）

**6** しき　3+6=9
　　こたえ　9にん

**📏アドバイス**　たし算の文章題の練習です。**1**，**4**，**6**は合併の場面のたし算，**2**，**3**，**5**は増加の場面のたし算です。合併も増加も，それぞれの場面をとらえながら，2つの数を合わせて全部の数を求めるので，結果的に同じになることから，たし算として統合的にとらえさせましょう。

　なお，合併の場面の式は，ふつうは文に出てくる数の順に表しますが，たされる数とたす数が入れかわっていてもよいです。増加の場面の式は，（はじめの数）＋（増えた数）と表すことを再確認させましょう。

**8** **のこりは　いくつ①** 19-20ページ

**1** ① 5-2=3　② 4-1=3

**2** ① 4-2=2　② 5-3=2

**3** ① 3-2=1　② 5-1=4
　　③ 4-3=1

**4** （　）（　）（○）

**📏アドバイス**　「のこりはいくつ」という求残の場面でのひき算の意味と，ひき算の式の表し方の学習です。「ひき算」という言葉と式の読み方も，しっかり理解させましょう。

　求残の場面の式は，（はじめの数）－（減った数）＝（残りの数）と表すことを絵と文から理解することが大切です。

**9** **のこりは　いくつ②** 21-22ページ

**1** ① しき　6-2=4
　　こたえ　4こ
　② しき　5-4=1
　　こたえ　1ぽん
　③ しき　7-2=5
　　こたえ　5ひき

**2** ① しき　6-3=3
　　こたえ　3さつ
　② しき　7-5=2
　　こたえ　2ひき
　③ しき　9-5=4
　　こたえ　4まい
　④ しき　10-5=5
　　こたえ　5こ

**📏アドバイス**　絵から文へと導きながら，求残のひき算の理解を深めます。

　**1**のように，求残のひき算を絵で表す場合，残りの部分がどれか描かれていません。はじめの数を表す絵を使い，減る分だけ線で囲ませ，残りの部分に目を向けさせるとよいです。また，おはじきを使って考えさせる場合は，はじめの数をよく意識させてから，減る分を操作させることが大切です。

## 10 のこりは いくつ③

23~24 ページ

1 しき 9-4=5
　こたえ 5にん

2 しき 7-4=3
　こたえ 3こ

3 しき 8-5=3
　こたえ 3わ（3ば）

4 しき 8-2=6
　こたえ 6こ

5 しき 9-6=3
　こたえ 3にん

6 しき 10-4=6
　こたえ 6ぴき（6ひき）

**アドバイス**　本格的な求残の場面の
ひき算の文章題です。「帰った」，「食
べた」，「飛んでいった」などの減るこ
とを表す言葉と「残りは」という言葉
に目を向けさせましょう。

　たし算の場合と同様に，例えば2で
は，次のような順で取り組ませましょ
う。

❶問題文をよく読ませる。

❷式を「7-4」と書く。

❸7-4を暗算させ，「=3」と書く。

❹助数詞を確かめて，答えに「3こ」
　と書く。

## 11 のこりは いくつ④

25~26 ページ

1 しき 7-3=4
　こたえ 4ひき

2 しき 8-6=2
　こたえ 2ほん

3 しき 10-6=4
　こたえ 4ほん

4 しき 9-3=6
　こたえ 6ぴき（6ひき）

5 しき 8-4=4
　こたえ 4こ

6 しき 10-7=3
　こたえ 3にん

**アドバイス**　全体の数と部分の数か
ら残りの部分の数を求めることを「求補」
といいます。この求補の文章題の学習
です。

　例えば1では，全体の数7匹からお
すのうさぎ3匹を取り除けば，残りは
めすのうさぎとわかります。求補の場
合も，残りを求めるということから，
ひき算になると理解させましょう。

## 12 ちがいは いくつ①

27~28 ページ

1 ①2　　②4

2 ①3　　②4　　③3

3 ①1　　②3　　③2

4 ①3　　②2

**アドバイス**　「ちがいはいくつ」と
いう，2種類のものの数の差を求める
求差のひき算の導入となる練習です。
「～がいくつ多い」や「数のちがい」
などの言葉の意味を理解し，使い方に
慣れさせることがねらいです。

　例えば1の①では，カエルとカタツ
ムリを1対1で対応させ，対応しない
2匹だけ，カエルのほうが多いと考え
られることが大切です。

　また2でも，対応しないところを
「数のちがい」と示しています。「いく
つ多い」と同じであることに気づかせ
ましょう。

**13 ちがいは いくつ②**

**1** ① しき 5−4＝1
　　こたえ 1ぴき
② しき 7−4＝3
　　こたえ 3びき

**2** しき 8−5＝3
　こたえ 3こ

**3** ① しき 8−3＝5
　　　こたえ 5まい
② しき 9−4＝5
　　　こたえ 5こ
③ しき 10−8＝2
　　　こたえ 2ひき

**4** しき 9−5＝4
　こたえ 4ほん

**アドバイス** 「ちがいはいくつ」という求差の場面もひき算になることと，数の大小を考えて式に表すことを理解します。

　求差のひき算は，ひかれる数，ひく数，数のちがいの関係が複雑で，とらえにくくなります。絵を見て，数の関係をよく考えてから式に表すことが大切です。

　**3**の③の式を「8−10＝2」，**4**の式を「5−9＝4」とするまちがいが多いです。小さい数から大きい数はひけないことを理解させ，ひき算の式はいつも，（大きい数）−（小さい数）となるように書くと指導してください。

**14 ちがいは いくつ③**

**1** しき 8−6＝2
　こたえ 2こ

**2** しき 9−6＝3
　こたえ すずめが 3わ おおい。

**3** しき 10−5＝5
　こたえ 5ほん

**4** しき 9−7＝2
　こたえ 2ひき

**5** しき 10−6＝4
　こたえ 4かい

**6** しき 10−3＝7
　こたえ はちが 7ひき おおい。

**アドバイス** 本格的な求差の場面のひき算の文章題です。

**5** 式を「6−10＝4」とまちがえていないかチェックしてください。

**6** 「どちらが」と「何匹多い」の2つを答えなければいけないことに注意させましょう。

**15 ひきざんの れんしゅう**

**1** しき 8−4＝4
　こたえ 4にん

**2** しき 9−3＝6
　こたえ 6ぴき（6ひき）

**3** しき 10−7＝3
　こたえ 3とう

**4** しき 7−2＝5
　こたえ 5まい

**5** しき 8−6＝2
　こたえ 2ほん

**6** しき 9−3＝6
　こたえ ずかんが 6さつ おおい。

**アドバイス** ひき算の文章題の練習です。

**5** 式を「6−8＝2」とまちがえていないかチェックしてください。

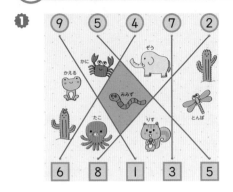

みみず
☆砂漠には水がないので，
　"み，みず"

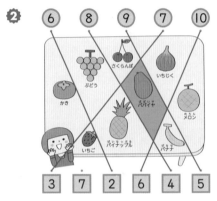

パパイヤ
☆パパがイヤがるくだもの。

## ⑰ 20までの　かずの　たしざん 37~38ページ

1 しき　10+3=13
　こたえ　13まい
2 しき　12+3=15
　こたえ　15ほん
3 しき　10+5=15
　こたえ　15にん
4 しき　13+5=18
　こたえ　18まい
5 しき　11+6=17
　こたえ　17こ

アドバイス　　20までの数の構成（10といくつ）をもとにしたたし算を使う文章題です。扱う数は大きくなりますが，たし算の文章題としての考え方は，これまでと同じです。

　ここで扱う計算は，次の2種類です。
①10+（いくつ）…「10といくつで10いくつ」という20までの数の構成をもとに答えを求めます。
②（10いくつ）+（1けたの数）…端数を計算して，「10といくつで10いくつ」と考えて答えを求めます。

## ⑱ 20までの　かずの　ひきざん 39~40ページ

1 しき　14-4=10
　こたえ　10まい
2 しき　15-2=13
　こたえ　13ぼん
3 しき　13-3=10
　こたえ　10まい
4 しき　18-5=13
　こたえ　13こ
5 しき　17-3=14
　こたえ　14とう

アドバイス　　20までの数の構成をもとにしたひき算を使う文章題です。ひき算の文章題としての考え方は，これまでと同じです。

　ここで扱う計算は，次の2種類です。
①（10いくつ）-（いくつ）=10
②（10いくつ）-（1けたの数）=（10いくつ）
　「10といくつ」という20までの数の構成をもとにして，たし算と同じように考えて計算します。

**19** つづけて　ふえる　とき　41~42ページ

**1** しき　4+3+2=9
こたえ　9わ

**2** しき　3+2+3=8
こたえ　8こ

**3** しき　2+3+1=6
こたえ　6ぴき（6ひき）

**4** しき　4+2+4=10
こたえ　10こ

**5** しき　6+4+3=13
こたえ　13にん

**⊘アドバイス**　続けて増える場面で，それを1つの式に表せることと，その計算の仕方を理解します。

例えば**1**では，場面に合わせて式に表すと，4+3=7，7+2=9となります。これを4+3+2=9と1つの式にまとめられることを理解させましょう。

3つの数の計算は，前から順に計算していくことが原則です。はじめの2つの数のたし算の答えを式の近くに書かせ，残りの数をたすようにすると，まちがいが防げます。

**5**「10+3」の20までの数の構成をもとにした計算が含まれています。

**20** つづけて　へる　とき　43~44ページ

**1** しき　9-2-3=4
こたえ　4こ

**2** しき　8-4-2=2
こたえ　2まい

**3** しき　9-2-4=3
こたえ　3にん

**4** しき　10-4-2=4
こたえ　4こ

**5** しき　14-4-5=5
こたえ　5こ

**⊘アドバイス**　続けて減る場面で，それを1つの式に表せることと，その計算の仕方を理解します。

「食べる」，「使う」などの減ることを表す言葉に目を向けさせ，続けて減る場面であることをとらえさせましょう。そして，それを1つの式に表せることを理解させましょう。3つの数のひき算も，前から順に計算します。

**5**「14-4」の20までの数の構成をもとにした計算が含まれています。

**21** ふえたり　へったり　する　とき　45~46ページ

**1** しき　9-5+3=7
こたえ　7こ

**2** しき　2+5-4=3
こたえ　3にん

**3** しき　6-3+5=8
こたえ　8わ（8ぱ）

**4** しき　10-4+2=8
こたえ　8だい

**5** しき　6+4-5=5
こたえ　5にん

**⊘アドバイス**　数が増えたり減ったりする場面で，それを1つの式に表せることと，その計算の仕方を理解します。

増えて減る場合と，減って増える場合があります。文をよく読んで場面をつかみ，たし算になるのかひき算になるのかを考えて，1つの式に表せることがポイントになります。

## 22　3つの かずの けいさんの れんしゅう　47~48ページ

**1**　しき　2+3+2=7
　　こたえ　7ひき

**2**　しき　8-2-3=3
　　こたえ　3こ

**3**　しき　6-4+6=8
　　こたえ　8ほん（8ぽん）

**4**　しき　8+2+3=13
　　こたえ　13わ（13ば）

**5**　しき　12-2-3=7
　　こたえ　7ひき

**6**　しき　6+4-2=8
　　こたえ　8ほん（8ぽん）

**●アドバイス**　3つの数の計算の文章題の練習です。たし算とひき算のどちらになるか判断できることが大切です。

**4**, **5**　20までの数の構成をもとにした計算が含まれています。注意して計算させましょう。

**6**　これまでのたし算は増加の場面でしたが，ここでの全部の花の数は，「あわせていくつ」の合併のたし算になります。このような場合もあることに気づかせるとよいです。

## 23　くり上がりの ある たしざん①　49~50ページ

**1**　しき　9+4=13
　　こたえ　13びき

**2**　しき　8+3=11
　　こたえ　11こ

**3**　しき　5+8=13
　　こたえ　13ぼん

**4**　しき　8+7=15
　　こたえ　15とう

**5**　しき　6+7=13
　　こたえ　13こ

**●アドバイス**　くり上がりのあるたし算になる，合併の場面の文章題です。

文章題としては，これまでの合併のたし算と同じです。例えば**2**では，「8+3」と式を書かせてから，ていねいに計算をさせ，「=11」と答えを書かせるようにしてください。

くり上がりのあるたし算は，「けいさんのしかた」で示したように，10を作って計算させましょう。

**5**　「食べた数を合わせる」という状況は少し考えにくくなるので，注意して見てあげてください。

## 24　くり上がりの ある たしざん②　51~52ページ

**1**　しき　7+4=11
　　こたえ　11にん

**2**　しき　6+8=14
　　こたえ　14ほん

**3**　しき　9+3=12
　　こたえ　12ひき

**4**　しき　4+7=11
　　こたえ　11こ

**5**　しき　9+5=14
　　こたえ　14ページ

**●アドバイス**　くり上がりのあるたし算になる，増加の場面の文章題です。

文章題としては，これまでの増加のたし算と同じです。計算に注意して取り組ませましょう。

**5**　ページ数という数えにくい数をテーマにしています。よく考えさせましょう。

## 25 たしざんの れんしゅう
53~54 ページ

**1** しき 7+5＝12
こたえ 12ほん

**2** しき 9+6＝15
こたえ 15こ

**3** しき 6+6＝12
こたえ 12ほん

**4** しき 8+9＝17
こたえ 17こ

**5** しき 4+9＝13
こたえ 13びき

**6** しき 7+8＝15
こたえ 15だん

**アドバイス** くり上がりのあるたし
算の文章題の練習です。扱うテーマや
表現に少し考えにくいものも含まれて
います。じっくり取り組ませましょう。

また，計算のまちがいが多いようで
あれば，毎日のドリル「たし算」や
「たし算・ひき算」などを使って練習
させましょう。

**3** 問題文に出てきた数だけを見て，
式を「6+2＝8」とまちがえる場
合があります。もう一度よく読ませ，
図を見て場面をつかませてからやり
直させましょう。

## 26 くり下がりの ある ひきざん①
55~56 ページ

**1** しき 12−9＝3
こたえ 3こ

**2** しき 14−6＝8
こたえ 8ほん（8ぽん）

**3** しき 15−6＝9
こたえ 9こ

**4** しき 12−5＝7
こたえ 7にん

**5** しき 11−3＝8
こたえ 8にん

**アドバイス** くり下がりのあるひき
算になる，求残と求補の場面の文章題
です。

**1**，**3**，**4**は求残，**2**，**5**は求補の
場面の文章題ですが，どれも文章題と
してはこれまでのひき算と同じです。

くり下がりのあるひき算は，「けい
さんのしかた」で示したように，10
いくつの10からひいて計算すること
が基本です。

## 27 くり下がりの ある ひきざん②
57~58 ページ

**1** しき 11−8＝3
こたえ 3こ

**2** しき 13−4＝9
こたえ 9ほん

**3** しき 14−8＝6
こたえ 6ぽん（6ほん）

**4** しき 16−7＝9
こたえ 9まい

**5** しき 17−9＝8
こたえ たくみさんが 8かい
おおく とんだ。

**アドバイス** くり下がりのあるひき
算になる，求差の場面の文章題です。
求差の文章題は考えにくいので，じっ
くり取り組ませましょう。

**4** 式を「7−16＝9」とまちがえてい
ないか，よくチェックしてください。

**5** 「〜さんが○回多くとんだ。」と答
えることに注意させましょう。

## 左段

### ㉘ ひきざんの れんしゅう  59~60ページ

**1** しき　13−8=5
　　こたえ　5まい

**2** しき　11−5=6
　　こたえ　6とう

**3** しき　12−7=5
　　こたえ　5ひき

**4** しき　11−7=4
　　こたえ　4だい

**5** しき　12−4=8
　　こたえ　8かい

**6** しき　16−9=7
　　こたえ　7まい

**⚠アドバイス**　　くり下がりのあるひき算の文章題の練習です。

　**4**~**6**でわからなければ，○を使って図に表したり，おはじきなどを与えて操作させたりして考えさせましょう。

　また，計算のまちがいが多いようであれば，毎日のドリル「ひき算」や「たし算・ひき算」などを使って練習させましょう。

### ㉙ たしざんと ひきざんの れんしゅう  61~62ページ

**1** しき　7+6=13
　　こたえ　13さつ

**2** しき　11−4=7
　　こたえ　7こ

**3** しき　15−7=8
　　こたえ　8だい

**4** しき　7+8=15
　　こたえ　15まい

**5** しき　12−8=4
　　こたえ　4ほん

## 右段

**6** しき　13−6=7
　　こたえ　あかぐみが　7こ　おおく
　　　　　　　はいった。

**⚠アドバイス**　　たし算・ひき算の文章題の総合練習です。どれも，くり上がりやくり下がりのある計算になります。計算にも注意させましょう。

　**1**~**3**は図があるので，たし算とひき算のどちらになるかはわかると思いますが，**4**~**6**は文だけなので，文から場面をとらえ，たし算かひき算かを判断しなければなりません。カギとなる言葉に目を向けて，正しく判断できる力を身につけることが大切です。

### ㉚ 100までの かずの たしざん  63~64ページ

**1** しき　50+30=80
　　こたえ　80まい

**2** しき　32+4=36
　　こたえ　36えん

**3** しき　40+20=60
　　こたえ　60ぽん

**4** しき　60+40=100
　　こたえ　100えん

**5** しき　53+6=59
　　こたえ　59ページ

**⚠アドバイス**　　何十のたし算と，100までの数の構成（何十といくつ）をもとにしたたし算を使う文章題です。数こそ大きくなりますが，文章題としてはこれまでと同じです。

　**1**のような何十のたし算は，10のまとまりが何個かを考えて計算します。**2**のような計算は，端数だけ計算し，「何十と何で何十何」と考えて求めます。

86

## ㉛ 100までの かずの ひきざん

**1** しき　60−20＝40
こたえ　40えん

**2** しき　45−3＝42
こたえ　42まい

**3** しき　80−30＝50
こたえ　50さつ

**4** しき　100−80＝20
こたえ　20まい

**5** しき　49−7＝42
こたえ　42かい

**❶アドバイス**　何十や100から何十を
ひく計算と，100までの数の構成をも
とにしたひき算を使う文章題です。文
章題としてはこれまでと同じで，計算は
30回と同じように考えて計算します。

## ㉜ ならびかた

**1** しき　5＋7＝12
こたえ　12にん

**2** しき　11−5＝6
こたえ　6にん

**3** しき　8＋5＝13
こたえ　13りょう

**4** しき　13−6＝7
こたえ　7にん

**5** しき　4＋5＋1＝10
　　　（4＋1＋5＝10）
こたえ　10にん

**❶アドバイス**　「何番め」という順序
数をテーマにした文章題です。○を使
って図に表し，どんな計算になるか考
えられることが大切です。
　問題を解くポイントは，例えば**1**で

は，「前から5番め」という順序数を，
「前から5人」という集合数に置き換
えて考えることです。
　**3**，**4**は，次のような図に表せます。

**3**

**4**

## ㉝ ものと ひとの かず

**1** しき　7＋5＝12
こたえ　12にん

**2** しき　12−8＝4
こたえ　4まい

**3** しき　8＋6＝14
こたえ　14こ

**4** しき　14−9＝5
こたえ　5ほん

**5** しき　12−7＝5
こたえ　5にん

**❶アドバイス**　人といすのように，異
なる種類のものの数の関係を考えて解
く文章題です。ここでも○を使って図
に表して考えることが大切です。
　問題を解くポイントは，異なる種類
のものを同じ種類のものに置き換えて
考えることです。例えば**1**では，いす
7個を7人に置き換えて考えます。
　**5**は，次のような図に表せます。

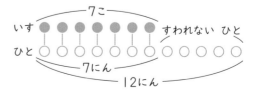

## 34 ちがいを みて

71~72ページ

**1** しき　6+5=11
　　こたえ　11ぴき

**2** しき　12-4=8
　　こたえ　8こ

**3** しき　9+6=15
　　こたえ　15こ

**4** しき　14-5=9
　　こたえ　9さつ

**5** しき　8+7=15
　　こたえ　15えん

**アドバイス**　2つの数のうち，一方の数と数のちがいから，他方の数を求める文章題です。この問題も，○を使って図に表して考えさせましょう。

**3**，**4**は，次のような図に表せます。

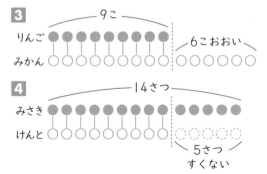

**3**
9こ
りんご
みかん
6こおおい

**4**
14さつ
みさき
けんと
5さつ すくない

**5**　「7円高い」を「7円多い」と考えて図に表せば，たし算で求められるとわかります。

## 35 おなじ　かずずつ

73~74ページ

**1** ① 2こ　　② 2+2+2=6
**2** ① 3にん　② 4+4+4=12
**3** ① 5こ　　② 5+5=10
**4** ① 4こ　　② 4+4+4=12
**5** ① 4にん
　　② 4+4+4+4=16

**アドバイス**　かけ算やわり算の考え方へとつながる問題です。絵を見て，またはおはじきなどを使って分ける作業をさせながら，「同じ数ずつ」の意味を理解させましょう。

**1**，**3**，**4**は1人分の数を求め，**2**，**5**は何人に分けられるかを求めます。分け方のちがいに注意させましょう。

「式に書いて確かめる」とは，1人分の数を分けた人数分たして，答えがはじめの数になるかどうかを確かめるということです。例えば**5**では，①から4人に配れることがわかったら，はじめのくりの数は，「4+4+4+4」となるはずです。これを計算して16個になるので，①の「4人に配れる」は正しいことが確かめられます。

## 36 まとめテスト

75~76ページ

**1** しき　6+4=10
　　こたえ　10こ

**2** しき　9-3=6
　　こたえ　6にん

**3** しき　17-7-6=4
　　こたえ　4こ

**4** しき　10-8+5=7
　　こたえ　7こ

**5** しき　7+9=16
　　こたえ　16ぴき（16ひき）

**6** しき　15-8=7
　　こたえ　7にん

**7** しき　14-6=8
　　こたえ　8にん

**8** しき　6+7=13
　　こたえ　13わ（13ば）